CONSTITUTION
DE L'INDUSTRIE

ET

ORGANISATION PACIFIQUE

DU COMMERCE ET DU TRAVAIL,

OU

TENTATIVE D'UN FABRICANT DE LYON

POUR TERMINER D'UNE MANIÈRE DÉFINITIVE

LA TOURMENTE SOCIALE.

Par M..... Derrion.

❀

Prix : 1 franc.

AU PROFIT DU PREMIER FONDS SOCIAL GRATUIT.

❀

A LYON,

CHEZ Mme DURVAL, LIBRAIRE, RUE DES CÉLESTINS,

ET CHEZ LES PRINCIPAUX LIBRAIRES.

1834.

IMPRIMERIE DE L. BOITEL,
QUAI ST-ANTOINE, N° 36.

CONSTITUTION
DE L'INDUSTRIE

ET

ORGANISATION PACIFIQUE

DU COMMERCE ET DU TRAVAIL,

OU

TENTATIVE D'UN FABRICANT DE LYON

POUR TERMINER D'UNE MANIÈRE DÉFINITIVE
LA TOURMENTE SOCIALE.

Par M.... Derrion.

C'est un premier pas vers l'avenir
que je voudrais aider à faire. (Pag. 9)

A LYON,

CHEZ Mme DURVAL, LIBRAIRE, RUE DES CÉLESTINS,
ET CHEZ LES PRINCIPAUX LIBRAIRES.

1834.

Déjà depuis plusieurs jours, chaque soir pendant quelques heures prises sur mon sommeil, je m'occupais à
rédiger ce projet d'organisation, que depuis long-temps
je méditais, lorsqu'est survenue l'épouvantable collision
d'avril, avec ses six journées de meurtre et de dévasta-
tion : c'est même au loisir forcé que ce terrible événe-
ment m'a procuré, qu'il doit d'être prêt, car je l'ai achevé
au bruit de la fusillade.

Plus le combat devenait sanglant, plus il me semblait
que quelque chose d'irrésistible, de providentiel me
poussait à cette œuvre de paix et d'harmonie; alors que
l'incendie promenait ses ravages, que le canon retentis-
sait avec plus de fracas, il me semblait que chaque page
écrite sous cette douloureuse inspiration devait prévenir
le renouvellement de semblables horreurs.

Et en effet, me disais-je, de quelque côté que se tourne
la victoire, quel résultat définitif aura-t-elle : aucun.

Qu'est-ce que *novembre* a produit pour le travailleur ?
Rien, si ce n'est une confiance présomptueuse et une
victoire embarrassante que produira *avril* pour le pouvoir;
rien autre qu'une fausse sécurité suivie trop tôt peut-être
de nouveaux désordres, de nouveaux désappointemens.

Chacun son tour pour le succès, mais tout succès dans
ce genre n'est-il pas pour le peuple une défaite réelle.

Ainsi il en sera toujours de l'emploi de la force aveugle, quelque soit la main qui se serve de son joug pe-
sant. On l'a dit mille fois le glaive tue et ne guérit jamais.
La société est malade cependant, elle ne peut être tuée
car elle est immortelle, guérissons-la donc au plutôt, et
rappelons-nous toujours que la vengeance appelle la vengeance, que la violence se nourrit elle-même, se perpé-
tue de ses propres forces, en répandant sur les hommes
qui sont tous frères, l'aversion, le ressentiment, la haine,
véritables poisons sociaux.

Travailleurs qui lirez cet écrit, vous ne pourrez douter
de mon attachement à votre cause. Ecoutez ma voix
amie qui vous conjure instamment d'abandonner pour
toujours, les moyens de violence, la lutte à main armée :
trop de maux retombent sur le peuple qui en fait usage.
Croyez-moi, reportez toute votre énergie vers le travail
et ce qui pourra le rendre assuré et fructueux sur ce terrein pacifique, le triomphe vous attend.

Mais encore une fois, plus de combat, plus de sang,
vous seriez toujours des victimes, dussiez-vous rester
vainqueurs.

Et vous propriétaires, capitalistes, négocians, aidez
aussi, je vous en prie, le développement d'un germe
qui plus tard vous servira d'abri contre les orages ; si
l'oppression du travailleur se prolonge rappelez-vous
que la même cause reproduit inévitablement le même
effet.

En présence de tous les désastres qui ont assombri
l'aspect de notre cité, au nom de toutes les victimes que
la guerre civile a confondues dans une même tombe,
rallions tous nos efforts pour une œuvre d'harmonisation.

CONSTITUTION

DE L'INDUSTRIE.

Le 21 février 1834, j'ai dit par une lettre écrite aux mutuellistes Lyonnais :

« Tous les instans de ma vie seront employés à récla-
« mer et établir un ordre social nouveau, qui garantisse
« au producteur de toute richesse, une part plus équi-
« table dans le bénéfice social, c'est-à-dire *une organi-
« sation pacifique de l'industrie.* »

C'est un engagement immense que j'ai osé prendre en face du public et au milieu même de mes concitoyens. Cependant j'ai promis, je voudrais bien tenir parole !

C'est dans cette intention que je viens me faire le conseiller du travailleur, et lui dire avec toute l'effusion d'un homme qui ressent vivement ses douleurs, ce que j'ai imaginé de plus immédiatement praticable pour arriver à un résultat d'amélioration.

Et pourtant, je sais tout ce qu'aura de difficile l'exécution de l'œuvre que je viens proposer. Je m'attends aussi à la haine qui sûrement va s'amasser sur moi ; sur moi, qui ne saurais haïr personne, et qui voudrais épargner tant d'angoisses à ceux qui vont me croire leur ennemi. Mais je leur pardonne d'avance, car je sais tout ce qu'il y a de contrariant pour beaucoup d'hommes, à changer quelque chose dans leurs pensées habituelles. Toute routine est si pénible à quitter ! Que ne sera-ce donc pas lorsqu'on leur demandera de se refaire une opinion différente de celle qu'ils ont cru vraie jusqu'à présent, et encore sur un sujet tel que l'industrie, qui se lie d'une manière si intime avec l'individualité.

J'avouerai même qu'au point de vue où je me place en écrivant ceci, je ne compte avoir l'approbation que d'un nombre très-limité de personnes accoutumées à réfléchir. Pour ne pas être déçu dans un espoir qui me rendrait trop heureux, je me dis que l'ouvrier lui-même, pour qui je travaille plus particulièrement, ne me comprendra qu'à peine ou, pour mieux dire, ne me lira pas.

Mais qu'importe, advienne que pourra ! mon devoir est de dire ce que je crois bon et utile : je le dirai.

Au milieu d'une société qui confond l'indépendance avec la liberté, où tout le monde voudrait commander et où personne ne veut obéir ; où chacun voudrait être riche pour ne rien faire, parce que généralement celui qui travaille est pauvre, je crois nécessaire d'indiquer le plus brièvement qu'il me sera possible, sauf à y revenir plus tard, ce qui, selon moi, doit nous faire sortir du cercle vicieux où nous tournons sans cesse, tombant d'un mal plus petit dans un mal plus grand, à chaque effort que nous faisons pour nous soustraire à ce qui nous opprime.

Qu'on ne s'attende pas de ma part à de l'opposition au gouvernement, ou à du rodomontage politique. Pour moi il ne s'agit pas de flatter ni de blesser personne, mais c'est un premier pas vers l'avenir que je voudrais aider à faire.

Puissé-je par mes efforts apaiser l'effervescence des élémens désorganisateurs qui surgissent de toute part, et conjurer les tempêtes qui menacent d'abîmer notre beau pays.

Après ce que je viens de dire, qu'on ne me demande pas à quel parti j'appartiens. On doit reconnaître déjà que je ne suis d'aucun : j'ajouterai même que dans ma pensée, je les trouve tous placés en dehors de la question à résoudre.

C'est aussi par cette raison que mon langage ne sera pas amer, car je ne viens pas donner un dernier coup aux ruines qui nous abritent encore, je ne viens pas dire ce qu'il ne faudrait pas, et me taire sur ce qu'il faudrait mais je viens de mon propre élan, avec résolution et bonne volonté, affirmer en criant de toute la force de ma voix, ce que je crois urgent de faire demain, aujourd'hui même, pour donner satisfaction à tous les intérêts : et cela après avoir puisé à toutes les sources où j'ai pu atteindre, après m'être éclairé de toutes les lumières dont les rayons me sont parvenus.

Je le répète, je ne suis d'aucun parti politique, j'ai partout des amis, partout des affections, mais je ne suis lié à aucune société exclusive, je n'ai pas de serment à garder, je suis moi... dévoué tout entier à la grande famille humaine.

Le grand nombre de troubles, de mouvemens désordonnés, qui ont eu lieu sur différens points, et surtout ceux qui se sont passés à Lyon en novembre 1831, février et avril 1834, sont trop graves par eux-mêmes et ont trop retenti dans le monde civilisé, pour ne pas avoir fait refléchir l'homme préoccupé du bonheur de ses semblables, afin de découvrir les moyens qui pourraient prévenir d'aussi déplorables événemens.

Aussi chacun s'étant mis à interpréter à sa manière ces émotions populaires, tandis que les uns affirmaient que les divers partis politiques se servaient du peuple à son insu, comme d'une machine à révolutions, d'autres attribuaient directement à sa démoralisation et à sa jalousie des classes riches, les soudaines et imposantes manifestations de ses besoins.

Les uns et les autres cependant se trompaient en même temps qu'ils disaient vrai; leur erreur, c'est qu'ils ont pris les symptômes pour le mal, ils ont voulu porter un jugement général, alors qu'il ne fallait que constater des faits partiels, isolés, qu'ils ont eu le tort de considérer comme absolus, exclusifs. Ce qu'on ne sait pas assez, c'est qu'il y a de tout dans le peuple : considéré collectivement, c'est l'être le plus admirablement varié; ses connaissances sont spéciales et forcément circonscrites dans un cercle d'idées plus ou moins grand, mais toujours exigu, sauf de rares exceptions. Ses penchans et ses facultés, ses besoins et sa position, tout cela est d'une magnifique diversité : *tout est multiple en lui.* Et sa voix lorsqu'on l'écoute l'indique assez, tant ses accents sont incohérents et dissemblables.

Et c'est pourquoi le peuple est obligé pour mettre de l'ensemble dans son action sociale, d'instituer un chef investi de sa confiance et du pouvoir de le diriger.

Et c'est ce pouvoir et cette confiance que se disputent les partis, qui divisent la société en autant de camps ennemis les uns des autres ; car tous ne savent que renverser ou maintenir, aucun ne s'occupe sérieusement d'édifier; tous n'ont pour moyen principal que la force brutale, aucun ne compte sur la persuasion comme moyen unique et suffisant.

Et cependant chacun élève la voix au milieu de cette Babel moderne, c'est un chaos de propositions contradictoires, un déluge de journaux, une profusion de discours écrits ou parlés; chacun assure que son avis est le meilleur possible, et pourtant tous assignent au mal une cause différente, et ne sont pas plus d'accord sur le remède à appliquer.

Il y aurait sur les partis un livre énorme à faire, où l'on pourrait montrer les prétentions et le néant de chacun. J'avais pensé un moment à mettre en regard les trois ou quatre principaux, mais en y songeant mieux j'y ai renoncé, dans la crainte d'être entraîné à froisser mal à propos et sans le vouloir, beaucoup d'individualités, ce qui aurait été mal, car dans ma conviction j'admets que tous les partis, sinon tous les individus, sont de bonne foi.

Et d'ailleurs je n'aurais rien pu dire de nouveau, car ils sont tous assez habiles en matière de critique! Or pour savoir à quoi s'en tenir sur le bon et le mauvais côté de chacun, il ne faut que les consulter eux-mêmes alternativement.

Je préfère donc passer de suite à l'examen d'une opinion nouvelle, tout-à-fait en dehors de la politique, qui commence à se propager, surtout au sein des travailleurs. Forte de logique et de calcul, elle est ou sera partagée bientôt par tous les hommes dont l'esprit peut embrasser les questions générales dans leurs plus hautes considérations, par tous ceux qui savent sonder la profondeur des causes et en prévoir les effets.

Ceux-là, marquant du doigt la plaie, disent déjà avec le calme de la conviction :

Le peuple a besoin d'une amélioration physique, morale et intellectuelle.

Et depuis long-temps le peuple est trompé sur les causes qui empêchent son amélioration sous ces trois aspects.

On avait pensé que cela dépendait de ceux qui étaient à la tête du gouvernement, et on a changé les chefs du gouvernement.

On en a mis la faute sur quelques articles de la législation, on a corrigé, amendé, refait les codes et la Charte.

Maintenant on parle encore de renversemens politique; de coalitions entre travailleurs; d'autres croyant se rapprocher davantage de la vérité, exigent une diminution dans les dépenses de l'état ou proposent l'impôt progressif. Ce sont tout autant d'erreurs ou de palliatifs insuffisans, qui directement ne peuvent produire aucun bien, qui font prendre le change sur les moyens définitifs, et n'ont qu'une valeur négative, comme dissolvans de la vieille société en hâtant par l'écroulement de l'ancien édifice l'élévation du nouveau.

Avant d'aller plus loin il est nécessaire de développer cette assertion, qu'une diminution d'impôt ou bien l'établissement très-peu praticable de l'impôt progressif, n'aurait aucun résultat d'amélioration un peu prolongée, tant de personnes partagent l'opinion contraire, que je dois employer quelques lignes à les désabuser.

Quel est l'effet universel de la concurrence commerciale, par rapport au salaire du travailleur? C'est de diminuer le plus possible les frais de production; c'est de rendre, dans quelque pays que ce soit, le salaire de l'ouvrier tout au plus suffisant pour ses besoins les plus indispensables : cela est si vrai que si on compare le

bien-être du travailleur de Londres, où l'impôt est
énorme, avec celui de Paris ou de Lyon, où l'impôt est
moindre, ou bien encore avec celui de la campagne ou
d'un pays qui n'ait presque pas d'impôt, comme la
Suisse, on reconnaîtra que partout le salaire est relatif
au prix des denrées de première nécessité, et que soit
dans un pays où il y a de forts impôts, soit dans celui
où il y en a moins, soit dans celui où il n'y en a pas, la
position du travailleur est identiquement la même. Il
est aussi misérable dans un pays que dans l'autre : ceci
est l'effet inévitable de la concurrence illimitée.

Je suis donc fondé à dire que si l'impôt payé au gouvernement est déplacé ou même diminué, la concurrence
commerciale rétablira bientôt l'équilibre précédent, et
le sort du travailleur ne sera pas amélioré, ou ne le sera
que pendant peu de temps et d'une manière insensible ;
ce ne sont donc réellement que des palliatifs insuffisans,
nullement définitifs ; des moyens qui n'ont par conséquent qu'une valeur tout-à-fait mesquine et passagère.

Mais écoutez cette voix d'abord faible et timide, qui
s'accroît en puissance à chaque crise commerciale, et
commence à dominer les cris des partis politiques :
Écoutez !

*La véritable cause du malaise matériel du peuple, pro-
vient du désordre avec lequel s'opère la production et la
distribution des richesses, fruit de son travail. Le remède
c'est une organisation pacifique de l'industrie et du commerce.*

Voilà des sentences brèves de mots, mais fécondes de
pensées : dans leur laconisme elles résument toute la
question ; elles indiquent dans quel esprit doivent être
conçues les institutions, afin qu'elles puissent satisfaire
les réclamations des travailleurs, et sont destinées à de-

venir elles-mêmes le principe d'une législation nouvelle.

Quant à moi je viens me ranger à côté de tous ceux qui pensent ainsi, et je romps publiquement avec les partisans de la libre concurrence, que je dis écrasante pour la partie la plus laborieuse des populations.

Je ne crains pas de l'affirmer : inutilement cherchera-t-on ailleurs que dans une réforme industrielle complète et radicale, le moyen d'apaiser les légitimes plaintes des ouvriers, jamais on ne découvrira que des moyens insignifians, je dirai même le plus souvent contraires au but qu'on croira atteindre. Tout au plus ce seront des replâtrages, des étais vermoulus qui reculeront de quelques jours la chûte complète de l'édifice en ruine, mais qui n'empêcheront pas ses craquemens d'effrayer ceux qui, doués de prévoyance, se sentent à tout instant menacés d'être ensevelis sous ses débris. On a beaucoup parlé de l'épée de Damoclès, mais elle était loin d'être aussi terrible qu'une incessante appréhension de l'émeute populaire.

Cependant il est un fait qui doit préoccuper tous les esprits, un fait contre lequel on se débattrait en vain, c'est que les classes laborieuses connaissent leurs forces, ont conscience de leur importance et sentent leurs besoins. Je le dis, car c'est la vérité. Le travailleur des villes est las de voir son existence dépendre d'une crise commerciale, qui souvent est le funeste effet d'une opération d'agiotage ou de la spéculation de quelques capitalistes; il ne veut plus d'une vie passée en grande partie dans une oisiveté forcée; il ne peut plus se contenter d'une perspective de vieillesse, se traînant dans un hospice de charité, où encore n'y a-t-il pas place pour tous; il le sait bien maintenant, sa vie toute de fatigue lui mérite une autre retraite que celle produit de l'aumône.

Je sais que ce sont des vérités importunes et qui pourraient soulever dans la discussion des questions inflammables; j'avoue que moimême, avec mon caractère de conciliation, je ne les aborderais pas si je n'apportais en même temps, ce qui en les transformant doit les empêcher d'être irritantes. A cette condition il me sera permis de m'arrêter un peu sur la situation du travailleur; car je suis décidé à avoir raison contre ceux qui le connaissant mal, ne craignent pas de le calomnier.

Combien n'y a-t-il pas de personnes qui se plaisent à répéter à tout instant, que si l'ouvrier est malheureux c'est par sa faute, et qui tout en l'accusant de se créer mille besoins factices, le taxent encore de paresse, d'imprévoyance, de dissipation; s'appuyant sur quelques exceptions d'ouvriers parvenus, ils vous répondent presque dédaigneusement : que tous les ouvriers n'imitent-ils les bons exemples de ceux-là.

Il faudrait comprendre que ceci est une bien mauvaise manière de raisonner, car elle peut rendre des hommes naturellement humains, tout-à-fait insensibles aux maux de leurs semblables. Elle tend à endurcir le cœur de ceux qui seuls, peuvent les aider à sortir de la situation douloureuse où ils se trouvent abandonnés, et je dois en passant justifier le peuple des calomnies de ses détracteurs.

Ne savons-nous pas tous, que les hommes sont inégaux sous quelque aspect qu'on les considère ; n'ont-ils pas tous des qualités différentes, et qui seraient contradictoires dans le même individu. L'un est ardent, pétulant, emporté, n'allant que par boutade et sans pouvoir se maîtriser; un autre est calme, patient, réfléchi, agissant d'une manière continue. Dans l'un une grande force d'ame se trouve alliée à une débilité corporelle, tandis que chez un autre une force physique remarquable est unie à un caractère faible, sans fixité, facile à influencer, à entraîner. Il en est ainsi de toutes les manières d'être de l'homme civilisé.

Et gardons-nous de nous plaindre de cela, ne demandons pas l'impossible, en désirant des qualités égales et des circonstances pareilles pour tous. Une société ainsi composée d'individus qui se ressembleraient tous, serait par trop triste et monotone. Sachons plutôt combiner des institutions qui puissent produire une heureuse harmonie, et acceptons les hommes tels qu'ils sont.

Je reprends la question sous un autre point de vue :

Oui il est vrai que dans la société actuelle un certain nombre d'ouvriers, aidés par les circonstances, parviennent à se tirer d'affaire à force de travail et d'intelligence, mais il faut dire aussi que c'est à la condition qu'un nombre égal éprouve un surcroît de privations. Quant à la masse elle existe misérablement au jour le jour ; une partie composée plus spécialement de femmes, souffre sans se plaindre et traîne avec résignation une vie languissante, en proie aux maladies qu'engendre la misère ; une autre partie est, pour ainsi dire, en révolte continuelle contre un ordre industriel qui l'opprime ; elle paye peu ou point de loyers aux propriétaires ; abuse du crédit que lui font les bouchers et boulangers, et passe prématurément en mêlant quelques jours d'abondance avec des années de besoins. Tant qu'il n'y aura pas de prévoyance sociale pour le travailleur, malgré les lois répressives, et quelles que soient la compression politique ou les chances de succès, il se trouvera toujours dans cette dernière classe, des hommes prêts pour l'émeute.

Mais ceci encore une fois, n'est pas une raison pour

demander l'absurde, et vouloir que les travailleurs soient tous moulés sur le même modèle, de les vouloir tous également modérés, sobres et laborieux, car en admettant même cela comme possible, quel serait le résultat? On l'a vu tout-à-l'heure quelque excès qu'on suppose, soit dans leur travail, soit dans leur sobriété, le prix des salaires baisserait d'autant, et l'effet inévitable produit par la concurrence commerciale, serait en définitive une indigence égale.

D'où je conclus que dans l'ordre insdustriel tel qu'il existe, il faut les plaintes des malheureux, les réclamations des mécontens, l'adresse de ceux qui parmi les ouvriers sont doués de savoir-faire pour maintenir les prix des salaires à une certaine élévation, dont la somme totale établisse un revenu annuel, qui permette à la masse de ne pas mourir trop promptement de besoin.

Et pour qu'on ne m'accuse pas d'exagération et de partialité aveugle dans mes observations, je vais les rendre plus claires par un calcul bien simple, qui précisera le revenu de l'ouvrier en soie de Lyon, de manière à couvaincre toute personne de bonne foi, que sa position est vraiment intolérable.

Le document qui me servira de base est un discours à l'occasion des événemens d'avril, que M. Prunelle a prononcé huit jours après à la Chambre des députés, dans lequel il dit qu'à Lyon : « 90,000 ouvriers *et plus,* sont « employés à la fabrication des soies ; ces 90,000 ou- « vriers reçoivent en salaire une somme annuelle de 33 « à 35 millions. »

La fonction de maire que remplissait à Lyon M. Prunelle, permet de croire qu'il y a de l'exactitude dans cette évaluation du salaire annuel ; voyons donc quelle est la part de chacun. En divisant les 33 et 35 millions par 90,000 et en négligeant *le plus*, qui pourrait bien être encore de quelques milliers d'ouvriers, on trouve pour revenu annuel, 366 fr. 66 c. minimum, et 388 fr. 88 c. maximum, ce qui fait 1 fr. à 1 fr. 6 c. par jour. Il faut savoir maintenant que le chef d'atelier a besoin d'appartemens vastes, dont le loyer est à un prix élevé, qu'on peut bien évaluer à 75 fr. par métier, ce qui fait 20 cent. à déduire sur sa journée d'un franc, il faut donc qu'avec les 80 cent. restant, il fasse des avances de nourriture à des apprentis, qu'il monte et entretienne son ménage et les ustensiles de son atelier, qu'il supporte des charges de famille et des dépenses extraordinaires pour maladie.

Ne faudrait-il pas de la part de l'ouvrier, une sobriété presque surnaturelle pour suffire à tous ses besoins dans une ville où tout est cher, et une prévoyance extraordinaire, pour ne pas s'écarter quelque fois de la dépense journalière que permet ce trop modique revenu, qui encore n'est pas régulier, car il est gagné à travers bien des semaines d'oisiveté forcée, et, l'ouvrier en convient lui-même, c'est lorsqu'il ne fait rien qu'il dépense le plus. On ne pourra pas dire non plus qu'il ne tient qu'à lui de travailler davantage : il n'est pas en son pouvoir qu'il y ait plus de commandes d'étoffes de soie.

Je le demande maintenant, que deviennent toutes ces allégations fausses et calomnieuses contre la population ouvrière, qui circulent si facilement dans le monde, et qui sont accueillies si complaisamment par ceux qui n'ont jamais connu le besoin.

Je n'insisterai pas davantage sur d'aussi pénibles détails ; si je m'y suis arrêté un instant, c'était pour faire comprendre au public que la société constituée ainsi et

composée d'élémens semblables, n'offre aucune garantie
de sécurité pour personne, et qu'aussi long-temps que
se fera sentir l'effet oppressif de la concurrence commerciale, il y aura renouvellement inévitable de troubles
et de bouleversement.

C'est pourquoi, je ne saurais trop le répéter, la situation des populations laborieuses est insupportable, il faut
à tout prix et au plutôt qu'elle soit améliorée.

Mais pour penser à satisfaire les besoins réels du peuple, n'attendons pas que le peu d'ordre qui subsiste encore, soit totalement détruit et que la machine sociale
soit tout-à-fait détraquée; n'attendons pas que les res-
sorts qui la font mouvoir se brisant tout-à-coup ne viennent compliquer le désordre d'une manière inextricable.
Hâtons-nous, hâtons-nous, car si jamais l'anarchie devait régner de nouveau, si des factions réactionnaires
devaient encore s'arracher tour-à-tour le sceptre de la
terreur, combien elle serait coupable cette indifférence
bourgeoise pour les maux du travailleur : combien aussi
elle serait punie!

Oh! alors, malheur à tous!... Qui pourrait dire d'avance
ce qui arriverait lorsque tout serait remis en question
par des hommes aigris, défians, égarés. Au milieu de
passions frémissantes, quelle digue serait assez forte
pour empêcher le bien et le mal d'être confondus? Tout
ce qui maintenant se croit fort et respecté, ne se trouve-
rait-il pas frappé d'impuissance? et ne serait-il pas à crain-
dre qu'au travers d'immenses malheurs, le niveau sanglant des révolutions, frappant aveuglément sur l'industrie et atteignant le riche comme le pauvre, n'établisse
bientôt sur les populations gémissantes, l'égalité de la
misère et de la faim.

A l'œuvre donc, hommes avancés dont l'intelligence a

marché avec le siècle, ne vous laissez pas arrêter par ces deux mots : illusion et utopie, que des gens à la vue courte et au cœur froid vous jetteront pour toute réponse. Dans vos efforts améliorateurs, si vous ne perdez jamais de vue l'harmonisation de tous les intérêts, avec de la constance tout vous deviendra facile et les obstacles s'abaisseront.

Et quoi! j'entends de tout côté demander l'ordre à grands cris. On en aurait mis partout jusque dans les choses les plus contraires à l'humanité, jusque dans la guerre, industrie de destruction, à l'aide des plus savantes combinaisons on sait faire mouvoir sous le plomb mortel des masses inconcevables de soldats, pour dévaster de riches campagnes et foudroyer dans un instant de populeuses cités. Et à entendre dire ceux-là même qui réclament l'ordre avec le plus d'instance : l'industrie qui nourrit, revêt, abrite le genre humain, devrait éternellement marcher privée de toute direction unitaire, sans autre guide que l'égoïsme individuel. Elle serait à perpétuité livrée au hasard de la fortune aveugle dans ses dons, et au caprice de l'adroit spéculateur dont elle serait la proie. L'art de faire entre-tuer les peuples par le fer et le feu, serait arrivé à l'apogée de la splendeur, et l'art de le faire vivre en travaillant serait non-seulement inconnu, mais encore impossible à découvrir. On serait parvenu à obliger des hommes dont le cœur est bon et qui ne se connaissent pas, à se mitrailler réciproquement sans pitié comme sans haine, au risque pour chacun de perdre la vie à cet infâme travail, et on désespère de les porter volontairement à un travail producteur de jouissances nécessaires au maintien de leur existence. Non, je ne puis que flétrir d'aussi désolantes maximes : je le dis à haute voix cette croyance est impie.

Je l'ai dit, je ne ferai pas d'opposition ; mais en me voyant aborder des questions aussi voisines de la politique, on a peut-être douté de mes intentions. On a tort, et je le répète, je ne touche, ni ne veux toucher en aucune manière à l'ordre de chose politique, et pour ne laisser aucun doute en cela, voici ce que j'ajouterai : Le travailleur s'est trompé jusqu'à présent, lorsqu'il a voulu s'en prendre au gouvernement, et lui attribuer la cause de ses misères. Depuis Juillet 1830, il doit être convaincu que les gouvernemens constitués à l'antique, ne peuvent que se ressembler tous. Un trône serait renversé dix fois en dix ans, que loin d'avoir obtenu quelqu'avantage, le travailleur n'aurait fait qu'ajouter des charges plus fortes à celles qu'il supportait avant chaque révolution ; il aurait causé dix pertubations commerciales, dont la conséquence serait une augmentation énorme de l'impôt accablant qu'il paye à l'oisiveté, toutes les fois qu'il survient une interruption forcée dans les travaux.

D'ailleurs pour s'en prendre au gouvernement avec quelque apparence de justice, il faudrait que l'opinion publique fut fixée, qu'il y eût un accord sur le remède qui doit guérir les douleurs du peuple, et que sans raison valable le pouvoir refusa de l'appliquer ; mais jusqu'ici rien de semblable n'a eu lieu, le pouvoir, il est vrai, s'est borné crainte de plus mal faire, à maintenir le présent tel quel. Mais vraiment que voulait-on donc qu'il fît, privé de boussole pour l'avenir et voguant à travers mille embarras, que lui suscitent tant de réclamations passionnées, contradictoires, et au fond sans valeur réelle pour l'intérêt public.

Sans en avoir lui-même le sentiment et la conception, il s'aperçoit bien que les idées d'organisation industrielle n'ont pas encore assez étendu sur les masses, leur salutaire croyance, et que le peuple parmi lequel il y a encore tant d'ignorance, n'en est pas moins opiniâtre dans ses erreurs.

C'est ce qui fait que je suis persuadé que s'il avait pu et voulu organiser l'industrie et le commerce, il eût rencontré de la part du travailleur lui-même de grandes résistances et d'amères critiques, il y eût échoué, mais il ne pouvait pas même y penser, car je le répète lui-même n'est pas encore prêt.

Donc en circonscrivant le projet que j'offre à mes concitoyens, dans l'industrie exclusivement, je puis dire que je m'établis sur un terrain nouveau qui touche par très-peu de points et toujours indirectement au pouvoir militaire existant; pour s'en convaincre on n'a qu'à faire la remarque suivante :

La mission du chef politique de l'état, quelle est elle en France et pour ainsi dire partout? C'est, si je ne me trompe, d'employer le budjet et la force publique qui lui est confiée, à faire exécuter les lois qui garantissent à chacun le libre usage de sa propriété; d'empêcher et, au besoin, de punir toute atteinte violente qui y serait faite ; il en est de même des collisions qui pourraient avoir lieu entre les factions et qu'il est de son essence de réprimer. Un de ses principaux devoirs et le but primitif de son institution, c'est surtout la défense du territoire et la conservation de l'honneur national, soit par l'attaque soit par la défense, cette mission est belle et glorieuse, aussi le peuple accorde honneur et reconnaissance à qui sait la remplir dignement.

On le voit, le pouvoir actuel est essentiellement militaire dans son but comme dans son principe.

Mais que par la lutte de la concurrence, des familles soient ruinées; que l'établissement de nouvelles machines, compromette l'existence des travailleurs ; qu'un déplacement industriel ait lieu dans un intérêt individuel ; que des milliers de bras se trouvent forcément oisifs , à côté d'immenses matériaux de production : le pouvoir s'y intéresse. Mais à en juger par ce qui s'est passé jusqu'à présent, le pouvoir ne sait, ne veut et ne peut rien y faire; il n'est pas institué pour régler de semblables choses. Si les populations se plaignent de leur misère, il répond : je ne peux que gémir. Si l'ouvrier demande du travail ou réclame son intervention dans la fixation des salaires, il répond avec raison que toutes ces choses ne le regardent pas, pourvu que les lois soient observées, et que le débat ne se passe pas sur la place publique. Il est donc évident que le pouvoir est volontairement neutre en cette matière et c'est pourquoi tout en désirant ardemment qu'il s'empare des idées que je publie, pour les mettre en pratique et y imprimer ce que lui seul peut faire, un mouvement rapide et un développement général, je ne m'adresse cependant pas à lui spécialement, mais bien à la masse des insdustriels , aux travail_leurs de tous rangs pour tâcher de leur faire comprendre à tous, l'avantage qui existerait pour chacun dans l'organisation industrielle dont je vais immédiatement m'occuper.

J'ai donné à cet écrit le nom de *Constitution industrielle*, non pas que j'aie eu la présomption de publier quelque chose d'entier d'achevé, bien loin de là j'ai voulu seulement indiquer dans quelle direction j'ai écrit ceci, et le but auquel je tends. Je n'ignore pas que rien de complet ne peut s'improviser en cette mantère, ce n'est qu'à mesure que les besoins se font sentir, que les institutions, les réglemens, les lois peuvent se rédiger. Ce sera donc si on veut, un premier article, un germe de la constitution industrielle.

Avant toute opération organisatrice il faut préparer deux moyens d'action, qui sont absolument indispensables, savoir :

Un chef industriel qui prendra le titre de *Primogérant* et des capitaux.

Occupons-nous premièrement du chef ou primogérant.

Toutes les fois qu'une action sociale ou autre qu'une œuvre quelconque à accomplir, nécessitera le concours d'un nombre plus ou moins grand d'invidus, on devra pour réussir, reconnaître et nommer un chef chargé de faire aboutir tous les efforts, toutes les volontés à la prompte exécution de l'œuvre commune.

Agir différemment serait établir la confusion là où il faut de l'ordre.

Tout se commencerait, rien ne s'achèverait; les meilleurs projets resteraient sans exécution, neutralisés par d'autres propositions contraires. Les forces publiques au lieu de converger au même point, se croiseraient en s'entrechoquant et finiraient par se lasser et se détruire réciproquement, sans autre résultat que des froissemens individuels; les travailleurs s'entendront donc le plutôt possible pour reconnaître un chef industriel, un primogérant.

Pour cela il y a plusieurs moyens : tous sont bons. Ce n'est pas à la forme par laquelle le peuple donnera son assentiment qu'il faut s'attacher actuellement, tacite ou formel. L'important c'est qu'il y ait assurance de son concours, c'est qu'il y ait confiance réciproque.

Cependant l'élection directe devra être préférée, si toutefois elle est possible, ce que je n'ose affirmer, c'est-à-dire si le gouvernement n'y porte pas obstacle, et s'il n'y a pas de trop grandes difficultés dans l'exécution elle-même, vu l'isolement où chaque intéressé se trouve, ce qui doit nécessairement empêcher le grand nombre d'arriver à la connaissance du plus digne.

Si l'élection directe a lieu, elle devra s'opérer de manière qu'il y ait le plus grand nombre possible de travailleurs qui y prenne part, il sera aussi convenable si l'élection se fait à Lyon, que ce soit la société des mutuellistes * qui veuille bien s'en charger, comme étant à Lyon le seul corps composé d'industriels, qui soit organisé de manière à pouvoir mettre de l'ensemble dans une telle opération; d'ailleurs par la position qu'ils ont prise par leur nombre et leur esprit généralement pacifique, ils représentent de fait la masse des travailleurs.

Mais comme il ne faut pas d'exclusion, ceci ne devra pas empêcher chaque société industrielle indépendante des mutuellistes, de recueillir de son côté des votes dont les procès verbaux seraient ensuite remis à un bureau central chargé du dépouillement général.

Si pourtant les sociétés industrielles se trouvaient dissoutes ou empêchées, ou que par un excès de succeptibilité, l'autorité s'opposa à l'élection publique, alors les travailleurs qui sentiraient avoir quelque influence

---

* Ceci était écrit avant le 9 avril et avant la promulgation de la loi sur les associations; ignorant les changemens qui seront rendus nécessaires par les événemens survenus depuis. Je livre à la publicité ce projet de constitution industrielle sans y rien changer, et tel qu'il était préparé sans prévoir aucune circonstance nouvelle; je laisse au bon sens public le soin de modifier ce qui serait devenu inexécutable.

sur leurs confrères, devraient prendre l'initiative et recueillir parmi leurs connaissances, les suffrages pour
celui qu'ils croiraient le plus digne d'être le dépositaire
de la confiance des travailleurs.

Dans tous les cas, et quelque soit le mode employé
pour ce concours de capacité, il faudra se tenir en garde
contre les médiocrités présomptueuses, et se rappeler
que l'homme de mérite est ordinairement modeste, et
attend qu'on le recherche au lieu de se faire solliciteur.

<hr />

Pour faire choix d'un primogérant en connaissance de
cause, il faut d'avance savoir qu'elle sera son œuvre et
la localité convenable à son exécution, afin de chercher
l'homme qui aura les qualités nécessaires pour accomplir cette œuvre, autrement on agirait d'une manière in-
considérée, et on mériterait d'échouer contre les difficultés, ce qui serait le résultat infaillible.

Voyons donc ce qu'il y a à faire dans l'état actuel, et le
point par où il faut commencer.

Tout le monde sera bien d'accord qu'il faut au travailleur, une équitable répartition dans le bénéfice social,
dans la somme des richesses qui ont été produites par
son travail; que l'important surtout est de faire que le
travail ne manque jamais aux bras qui en demandent,
afin que l'abondance dans la production, amène nécessairement l'abondance dans la répartition. On comprendra encore que ceci ne peut-être obtenu que par une
organisation complète du commerce et du travail.

Ce sont de ces propositions qui portent avec elles
l'évidence, et que personne ne voudra combattre publiquement.

Partant de ces données , voyons quelle est l'espèce d'industrie qui par son importance et par sa
position plus misérable, réclame la préférence dans l'application du principe d'organisation. C'est ainsi que d'induction en induction, nous arriverons au point précis
qui a le plus besoin d'amélioration, et qui offre par conséquent le plus de chances de réussite.

Car il n'est pas donné à l'homme d'entreprendre tout
à la fois, il faut toujours agir d'une manière proportionnée
aux moyens d'exécution, et savoir choisir le temps , les
lieux et les hommes.

Il y a différens genres d'industrie bien distincts, entre
autres l'industrie agricole et l'industrie manufacturière ;
j'en laisse plusieurs de côté , dont on n'a pas à s'occuper
encore.

L'industrie agricole a , comme l'industrie manufacturière, besoin d'immenses améliorations, soit dans le
mode du travail, soit dans le développement de l'intelligence de ses travailleurs. Cependant ces besoins ne sont
pas aussi vivement sentis que dans l'industrie manufacturière, et en voici les motifs :

D'abord vu le morcellement du sol , il n'y a pas entre
le simple cultivateur journalier et le cultivateur propriétaire , cette inégalité choquante soit dans le travail , soit
dans les jouissances de la vie ; inégalité qui par sa dis-
proportion constitue l'aristocratie oisive.

Les uns et les autres fatiguent à peu près également :
là il n'y a point de fonction réputée avilissante, la fille
du riche propriétaire ne dédaigne pas les travaux domes-
tiques qu'elle partage volontiers avec les servantes à
gages.

Quoique la concurrence qui existe déjà entre les producteurs agricoles soit parfois oppressive, elle n'amène

pas aussi souvent que dans l'industrie manufacturière, ce trop plein, cette fausse surabondance de produits qui n'a pas d'écoulement, qui ne trouve pas de consommateurs, parceque les produits agricoles étant de première nécessité, sont par conséquent achetés de préférence aux produits des manufactures. Par cette même raison les producteurs agricoles ne sont pas autant sujets aux pertes ruineuses occasionnées par la spéculation dans l'industrie manufacturière.

Les matériaux de travail ne leur manquent non plus jamais, donc leur situation n'est pas aussi précaire que dans les villes, ils ne sont pas autant menacés dans leur existence; pour ses habitans la campagne a toujours du pain ou quelque chose d'équivalent, il n'est donc pas surprenant qu'ils ne sentent pas au même degré, la nécessité d'une organisation dans leur industrie, ils n'en ont même pas la première idée.

Mais comme on le prévoit il n'en est pas ainsi dans le genre manufacturier.

Si on veut se donner la peine de pénétrer au fond de toutes les réclamations pacifiques ou violentes qui émanent soit des corporations industrielles, soit des divers partis que renferment les villes, on sera convaincu que ce sont tout autant de protestations contre le désordre industriel. Rien ne garantit le droit au travail, et ce n'est pas assez qu'il soit fatiguant, excessif et le plus souvent malpropre, et ennuyeux pour le travailleur, il faut encore le rechercher souvent à l'égal de la plus agréable jouissance, et encore les efforts dans ce sens, ne réussissent-ils pas toujours; ils sont d'ailleurs par leur fréquence, la cause d'une perte de temps extrêmement précieux.

Je ne provoque point de réflexions à ce sujet, chacun en sentira la raison et les fera lui-même.

Et si à present on recherche quelle est la branche d'industrie manufacturière, qui est la plus opprimée par la concurrence, les énergiques réclamations des mutuellistes et des autres travailleurs en soierie, indiqueront assez quelle est la spécialité par laquelle il faut commencer l'œuvre d'organisation.

Croyez-moi, le temps est venu et les lyonnais sont prêts.

Une fois fixé sur la localité et sur la spécialité, il ne reste plus qu'à examiner par quel côté et dans quelle direction il faut commencer l'œuvre organique, savoir : si c'est par l'atelier ou bien par le commerce, si c'est par la production ou bien par la consommation.

Comme la cause primitive du malaise des classes laborieuses, provient en grande partie de la manière vicieuse, socialement parlant, d'après laquelle s'opère la distribution des richesses. Le point de départ devra être établi sur le terrein du négoce, et au point de contact avec la production, avec l'atelier.

Je sais bien que beaucoup d'améliorations sont nécessaires dans l'atelier, soit pour rendre le travail attrayant, moins excessif, et cependant plus productif; lorsqu'il en sera temps j'aurai aussi des conseils à donner à ce sujet, qui auront pour but l'établissement d'ateliers, chantiers, usines, tellement variés dans leurs réglemens et administrations, que tous les caractères, tous les âges, toutes les positions, y trouveront convenance et satisfaction , et où l'intérêt du maître et de l'ouvrier seront naturellement d'accord.

Mais pour le moment, je le répète, il ne faut s'occuper d'organiser l'industrie que dans ses rapports avec le commerce, parce que quoique chose difficile, elle est plus praticable encore que l'autre moyen, et ses résultats seront bien autrement rapides et importans que ne le seraient ceux obtenus par des ateliers gênés dans leur développement, et dépendant de la concurrence du négoce. Néanmoins en principe, l'œuvre du primogérant, le but constant de tous ses efforts, sera la *conquête de l'industrie en général, soit dans ses rapports avec la production des richesses ou le travail, comme dans ceux de la distribution de ces mêmes richesses, ou le négoce.*

Or tout est à régler à ce sujet.

Cette conquête devra se faire en mettant progressivement et sans secousse, l'ordre et l'équité sociale à la place du hasard et de la rapine individuelle; c'est dire qu'elle devra se faire au profit du travailleur de tout rang, pacifiquement et sans violer les droits acquis.

Indépendamment de l'expérience des affaires et des connaissances spéciales dans l'industrie locale, le primogérant aura en fait de sciences positives, des connaissances générales et variées. Il devra surtout avoir approfondi l'économie industrielle, il saura quel est l'effet oppressif produit par la concurrence illimitée, vis-à-vis de la masse des travailleurs. Comme on l'a vu déjà, et comme il est bon de le répéter, cet effet peut se résumer en deux mots, c'est de mettre les produits de l'industrie hors de la portée de celui que les a créés de ses mains, en réduisant son salaire au strict nécessaire, bien entendu lorsqu'il se porte bien et qu'il est jeune. La conséquence de cet effet est de rendre le droit au travail incertain et interrompu, puisque le négoce se ferme lui-même par la concurrence, son principal débouché, celui du peuple travailleur.

Le caractère du primogérant devra être formé dans son ensemble, par un heureux assemblage de qualités morales, physiques et intellectuelles. Il aura le sentiment des grandes choses, et sera en même temps homme d'ordre, de prévoyance et d'économie ; il sera actif et prudent.

La passion qui doit dominer en lui, c'est l'amour de l'humanité toute entière ; son ambition de rendre le peuple heureux, sa gloire d'être aimé de lui.

Pour cela il devra être bon de cœur, doux dans ses manières, ferme et énergique dans sa volonté.

J'insiste sur cette dernière qualité, car elle sera indispensable pour surmonter les difficultés de plus d'un genre qui se présenteront.

Aussi bien par le fait du travailleur manuel, comme par celui du négociant, il y aura beaucoup d'abus à repousser, beaucoup d'obstacles à vaincre.

Mais il ne faut pas que chez le primogérant il y ait la moindre propension à l'exclusion et à la vengeance, il doit être au-dessus de ces petites passions, car cela occasionnerait des résistances qui retarderaient beaucoup l'envahissement. Il faut qu'il soit bien pénétré lui-même afin de pouvoir convaincre autrui, que le désordre ainsi que les maux existant, ne sont point le fait des personnes mais le fait de l'absence d'institutions.

Dans l'état actuel des choses, à celui qui voudrait dans sa haine jeter l'anathème sur tel ou tel, il faut que le primogérant sache répondre :

Peut-être à sa place feriez-vous pire encore que celui que vous décriez.

Et lui répéter cent fois, si une ne peut suffire :

Les maux qu'entraîne le désordre actuel ne peuvent être diminués, adoucis, que par un ordre social nouveau et dans cet ordre tous les élémens qui composent l'humanité doivent y entrer.

Car le dépositaire du pouvoir nouveau, aura pour œuvre de créer successivement des asiles laborieux et attrayans, où chacun aimera à prendre place, pour y remplir une fonction utile pour tous et pour chacun.

Tous les caractères, toutes les natures, tous les sexes, tous les âges, tous les tempéramens, sont nécessaires, dans la grande harmonie.

Ce ne sera qu'à la condition de comprendre et d'exécuter tout cela qu'on pourra désormais prétendre à gouverner le peuple industriel, le travailleur.

Celui qui n'aurait pas ces sentimens, et qui ne se sentirait pas la force de pratiquer ces principes, celui-là doit se tenir à l'écart et ne pas briguer la candidature à la primogérance.

On voit que le primogérant ne doit pas être un simple commis, mais bien un homme digne sous tous les rapports, du poste élevé où le peuple a besoin qu'il soit placé.

Il est encore nécessaire qu'il ait déjà fait ses preuves comme industriel, car pour gérer des capitaux et pour lutter avec la concurrence, il faut connaître l'économie commerciale, et avoir vécu au milieu de concurrents, sans les redouter. D'ailleurs pour avoir la confiance des prêteurs de capitaux, il faut avoir su en faire manœuvrer productivement; il faut connaître toute la valeur de l'argent.

Ainsi toutes les autres qualités étant égales, les travailleurs donneront la préférence à celui qui aura l'expérience des affaires commerciales et des connaissances, sur le personnel qui le compose actuellement, et dont la probité se sera conservé sans tâche.

La dernière garantie personnelle, qui est aussi importante que les autres, c'est que le primogérant ait acquis
par son travail un certain capital, ce n'est pas la quotité
qui importe, l'essentiel, c'est qu'il ait été gagné honora-
blement, et qu'il consente à l'engager dans l'entreprise
organisatrice. ·

Toutes ces considérations, si elles sont bien observées,
auront une grande influence sur l'esprit des capitalistes,
et détermineront leur confiance, surtout lorsqu'on y
ajoutera la garantie positive et pécuniaire, que jevais
indiquer.

Le plutôt possible *un premier fonds social gratuit* sera
fondé par les travailleurs de tous rangs, au moyen de cotisa-
tions, souscriptions volontaires, dons de toute espèce.

Ce premier fonds, œuvre du travailleur en général,
sera la base primitive et durable de toutes les opérations.
Susceptible d'un accroissement progressif et déterminé,
comme on le verra à l'article de la répartition du bénéfice, il facilitera singulièrement le mouvement organisa-
teur, en présentant aux capitalistes qui viendront y
prêter leur concours, une garantie nécessaire et suffi-
sante en cas de déficit aux inventaires, déficit impossible,
comme on le verra plus tard, mais que toutefois il faut
prévoir.

Par le fait de sa fondation, de son accroissement et de
sa destination en constructions, ou acquisitions princi-
palement immobilières, ce premier fonds constituera
une chose sociale qui portera le caractère de la stabilité
et de la perpétuité.

Ce sera la chose publique appartenant à tous collectivement, à personne en particulier, et gérée par le plus
digne.

Voilà les deux bases indispensables qu'il faut établir

avant tout et au plutôt, pour pouvoir entrer dans la carrière de l'organisation industrielle.

Les progrès dépendront ensuite de la bonté du choix du primogérant, et aussi des moyens pécuniaires qui lui seront confiés. Je crois cependant qu'avec un premier fonds social de 100,000 fr., il pourra compter sur le succès. Mais avant d'indiquer comment, je dois dire encore quelque chose au sujet de la nomination d'un *primogérant*, d'un chef investi du pouvoir d'agir avec toute la puissance de l'unité et de l'association réunies.

Beaucoup de personnes à sentimens indépendans, éprouveront de la répugnance pour une semblable nomination, dans l'appréhension de se donner un maître qui les opprime ensuite.

Cette défiance est naturelle, car elle est assez justifiée par l'histoire du passé, mais il faut faire une remarque qui doit complètement rassurer, et d'abord il est bien entendu que la fonction de primogérant n'est pas héréditaire, elle exige des qualités positives qui ne se transmettent pas avec le sang, qui ne se rencontrent pas chez le premier venu.

Ensuite pour conquérir l'industrie, ce n'est point un chef militaire qui est institué et qui pourrait tourner contre les travailleurs, les armes qui lui auraient été confiées pour les défendre.

Le primogérant aura, il est vrai, dans l'avenir une grande puissance, mais sa puissance sera toute morale, toute d'intelligence, il sera industriel et non soldat, il n'aura ni bayonnettes ni canons pour faire exécuter ses ordres, et il en sera bien mieux obéi parce qu'il sera dans l'obligation de n'entreprendre que des choses d'intérêt public.

Alors se trouvera résolue cette grande question de l'accord entre l'autorité et la liberté, problème insoluble si on veut faire entrer la force brutale comme moyen de gouvernement.

N'importe qui que ce soit qui l'exerce, peuple ou roi, partout où il y a la violence pour principale raison, la liberté n'existe pas.

Nécessairement il faut un chef qui puisse agir en toute liberté dans le moment de l'action, de manière à combiner d'après un plan unitaire les forces de ses associés, sauf à justifier ensuite de sa manière d'opérer.

Car l'homme est si fragile dans son existence, comme dans son organisation, il est si impénétrable dans ses intentions, que soit ignorance, soit maladie physique ou morale, le primogérant pourrait par une gestion évidemment mauvaise, compromettre la prospérité des associés et les progrès de l'organisation ; il faut donc prévoir cela et préparer des garanties pour ces cas exceptionnels, car la règle sera toujours la confiance réciproque.

La principale garantie, celle qui donne naissance à toutes les autres, c'est la publicité des opérations et des résultats généraux. Garantie puissante que le primogérant devra employer avec empressement, car c'est elle seule qui lui fera accorder le concours indispensable du travailleur de tout rang, et c'est elle aussi qui mettra le travailleur en position de juger lorsque ses intérêts seront compromis, et par conséquent de refuser son concours. Mais pour en assurer et en faciliter l'effet, il faut un pouvoir multiple à côté du pouvoir unitaire, chargé de représenter plus spécialement les différens intérêts des travailleurs, et qui soit en même temps un organe légal, chargé de formuler en cas de besoin, son approbation ou son improbation dans les actes du primogérant.

Ce sera la mission d'un conseil formé par des intéressés choisis dans les diverses classes de la société.

FORMATION DU CONSEIL DE PRIMOGÉRANCE.

Le conseil de primogérance sera composé d'abord de dix-huit membres ; savoir :

3 mutuellistes représentant les chefs d'atelier ou travailleurs établis.

3 ferrandiniers représentant les simples travailleurs à la journée ou à la pièce.

3 fonctionnaires organisés.

2 capitalistes ou propriétaires.

3 partisans de la concurrence illimitée (S'ils ne sont pas présents, leurs sièges n'en existeront pas moins).

3 délégués du pouvoir militaire (du gouvernement).

Le président sera nommé par le Conseil, qui le choisira parmi ses membres.

Ce Conseil sera chargé de convoquer les électeurs, toutes les cinq années au 1er mars, pour renouveller ou remplacer le primogérant.

Dans l'intervalle des cinq années, le Conseil aura pour œuvre de manifester les mécontentemens publics. Les réclamations industrielles, les pétitions des travailleurs, lui seront adressées comme elles le seraient au primogérant.

Lorsque la gestion du primogérant sera reconnue mauvaise par le public et le conseil, c'est-à-dire contraire soit pour le présent, soit pour l'avenir, aux intérêts bien entendus des travailleurs; dans ce cas très-grave et qui se présentera rarement, le conseil aura encore l'initiative.

Voici les formes qui me paraissent devoir être observées :

Lorsque cela paraîtra nécessaire le conseil décidera à la majorité absolue, qu'il y a lieu au premier *acte de désaffection*.

Cet acte sera un message qui énumerera les griefs, et qui sera adressé au primogérant seul.

Dans l'intervalle d'un mois, le primogérant devra expliquer ses manœuvres, justifier ses opérations; s'il ne le fait ou si ses explications ne sont pas concluantes, un second et dernier *acte de désaffection* lui sera adressé, il sera aussi publié et distribué aux travailleurs.

Si la gestion continue d'être vicieuse ou oppressive, après un nouveau délai de quinze jours, le conseil déclare le primogérant *incapable*, et convoque les travailleurs pour les élections.

Pour être valable cette convocation devra être signée par les deux tiers du conseil.

Le conseil aura encore une œuvre mensuelle qui sera de se réunir tous les 1er et 2 de chaque mois, afin de vérifier ou d'assister à la vérification des écritures de chaque établissement, soit de fabrication, soit de vente.

Pour faciliter cette vérification les écritures seront tenues sur des registres doubles, dont un sera transporté aux bureaux du conseil.

C'est en faisant usage de toutes ces précautions qu'on trouvera le moyen d'avoir pour chef, un homme dévoué et non un intrigant, car celui-là qui n'aimerait pas réellement le travailleur, et qui ne se sentirait pas capable de remplir la fonction de primogérant, ne se mettra pas sur les rangs lors de l'élection; ses vues seraient trop étroites, trop individuelles pour comprendre ce qu'il y aura de glorieux dans cette fonction. Trop d'entraves d'ailleurs s'opposeraient à ses desseins d'égoïsme.

J'ai dit que par le fait de la création d'un *primogérant* et d'un *premier fonds social gratuit*, ne serait-il que de 100,000 fr., l'organisation se trouverait constituée, et

que le travailleur marcherait dès ce moment à la conquête de l'industrie.

Probablement la faiblesse des moyens d'exécution n'a
pas paru proportionnée à la grandeur de l'œuvre, et sans-
doute un sourire d'incrédulité a seul répondu à cette assertion.

C'est que généralement on ignore tout ce qu'il y a de
puissance dans le concours du peuple, et moi je dis
pourvu qu'on l'ait ce concours, avec les plus petits
moyens on fait de grandes choses, et sans lui les plus
grands moyens sont insuffisans, l'écueil ne peut se
franchir.

Je vais supposer un instant la nomination faite et ac-
ceptée, le conseil de primogérance a remis à l'élu une
copie des procès verbaux de son élection qui ont été ré-
digés à double, ainsi que les titres du premier fonds.

A Lyon un homme est enfin proclamé primogérant.
Sans avoir l'intention d'affirmer ce qu'il faudra qu'il fasse,
car je n'entends en rien gêner sa marche, ni lui tracer la
route d'avance, je puis dire cependant, ce qu'il pourrait
faire, c'est dans ce sens qu'il faut lire les conseils suivans:

Ainsi donc après s'être entendu avec son conseil, le
primogérant décrétera successivement la fondation de
plusieurs maisons de vente sociale au détail et mi-gros,
d'objets de consommation générale, tel que :

> Epicerie,
> Boucherie,
> Boulangerie,
> Soieries, châles et nouveautés,
> > Et immédiatement après :
> Une fabrique centrale d'étoffes de soie unies,
> > Id.   id   id.   d'étoffes de soie façonnées.

Le primogérant cherchera et fera chercher le local

convenable à chaque maison, les fonctionnaires dont il aura besoin et les capitaux qui lui seront nécessaires.

Ce dernier élément d'action sera peut-être le plus difficile à obtenir, mais en s'y prenant bien je suis certain qu'on réussira.

Si le primogérant est reconnu homme d'ordre, de prévoyance et d'économie; s'il est actif et intelligent, si la conduite de toute sa vie parle en sa faveur, en faisant entrevoir aux capitalistes toutes les sûretés que leur présente le fonds social et les avantages de la publicité par laquelle toutes les fois qu'ils le désireront les livres leur seront ouverts.

Je crois qu'avec un peu de savoir faire on pourra parvenir, aidé par les petites et grosses bourses, à emprunter trois fois la valeur du premier fonds, soit 300,000 fr. en tout 400,000, ainsi réparti :

Etablissemens de distribution :

Epicerie.	40,000 fr.
Boucherie.	30,000
Boulangerie.	30,000
Soieries et nouveautés.	100,080

Etablissemens de production :

Fabrique d'étoffes unies.	100,000 fr.
Fabrique d'étoffes façonnées. . .	100,000

Chacune de ces maisons agira séparément et aura des écritures particulières, mais lors de l'inventaire les bénéfices seront réunis et répartis ainsi qu'il sera indiqué à l'article qui traitera de la répartition.

Poursuivons maintenant et analysons par prévoyance les moyens d'action et les différentes chances de réussite de chaque établissement à commencer par ceux de production, par les maisons de fabrique.

Obligées de lutter contre les autres maisons rivales, les deux fabriques centrales devront dans le commencement s'essayer sur les principaux articles afin d'en posséder tous les procédés économiques de fabrication et d'en connaître parfaitement les divers genres de confection.

Les débuts seront donc lents d'abord, comme ceux de toute maison qui a son personnel à former et sa clientèle à attirer, la prudence l'exige ainsi, mais pendant cet intervalle et pour faciliter les progrès, on s'occupera par le moyen des sociétés industrielles d'établir une statistique mensuelle des métiers travaillant dans chaque article et pour chaque négociant.

D'un autre côté le primogérant recueillera, soit par ses amis, soit par ses fonctionnaires, des observations sur la quantité de marchandises fabriquée chez chaque négociant.

Ce seront autant de renseignemens précieux qui donneront au primogérant les moyens d'agir presque à coup sûr dans ses opérations productives. Dans les spéculations sociales qu'il tentera par la fabrication de tel ou tel article, sur lequel il reportera alternativement ses forces, selon qu'il conviendra d'abandonner un genre à ses concurrens, pour se porter sur un autre plus avantageux. Or on peut concevoir d'avance toutes les facilités qu'auront les fabriques centrales pour monter tous les articles qu'il leur plaira, même ceux que leurs fonctionnaires ne connaîtraient pas à fond.

Elles trouveront auprès des travailleurs tous les renseignemens qui pourront leur être utile, ainsi que des fonctionnaires toujours prêts à les aider de leurs connaissances spéciales.

On peut donc affirmer sans témérité que les établissemens de fabrication devront prospérer avec des moyens d'administration point trop difficil es c'est-à-dire avec des gérants d'une capacité moyenne.

Hé bien! il ne sera pas même absolument nécessaire qu'ils fassent des bénéfices ; qu'ils se soutiennent sans déficit, et cela sera suffisant pour atteindre le but d'en-vahissement et d'organisation. Je vais m'expliquer mieux :

On se rappelle qu'indépendamment des maisons de production il a été décrété l'établissement de plusieurs mai-sons de distribution de marchandises, de consommation générale.

Chacune de ces maisons a ses capitaux distincts et une gestion particulière à laquelle sont préposés des fonc-tionnaires agissant par l'impulsion et sous la direction conseillère du primogérant, de manière à ce qu'il n'y ait pas confusion, et qu'il y ait toujours vérité dans les écri-tures et publicité dans le résultat annuel des opérations.

— Je dis que chacune de ces ventes sociales, ayant pour clientelle la population à peu près entière, ne pourra suffire aux demandes, et fera d'immenses affaires eu égard à ses capitaux ; et cela tout en distribuant au besoin, les produits industriels à des prix un peu infé-rieurs à ceux des maisons rivales.

Ces établissemens réaliseront donc des bénéfices im-portans, et qui suffiront pour donner de l'extension à l'œuvre générale, qui marchera avec un avantage évident dans toutes ses entreprises.

C'est ainsi que le travailleur se procurera à lui-même les moyens de prospérer.

On peut donc avec assurance compter sur un bénéfice annuel; on peut y compter dès la première année, et sans employer aucun moyen qui ait quelque difficulté d'exécution.

Voyons maintenant comment devra se faire la répartition de ce bénéfice, toujours sans perdre de vue les divers intérêts qui sont en présence et qui également veulent être satisfaits.

Il sera fait quatre parts égales du bénéfice; l'expérience dira jusqu'à quel point cette égalité devra subsister.

Le *premier* quart sera employé en primes d'encouragement, en intérêts proportionnels, accordés aux principaux fonctionnaires de chaque établissement; le *second* sera réparti comme dividende aux capitalistes, indépendamment de l'intérêt de leurs capitaux; le *troisième* sera affecté à l'accroissement du fonds social; le *quatrième* appartient aux travailleurs.

Il ne reste plus qu'à développer et à justifier la nécessité de chacune de ces destinations.

Pour prévenir l'affaissement moral des fonctionnaires à traitement fixe, comme seront les premiers fonctionnaires organisés, il faut d'abord l'œil vigilant d'un chef, et de sa part quelques réprimandes aux uns, quelques paroles d'encouragement aux autres, mais en excitant qu'il ne faut pas dédaigner, car sa puissance est grande c'est l'intérêt pécuniaire, c'est le besoin d'amasser des richesses.

Car lorsque l'homme reporte ses pensées vers l'avenir de sa vie, vers l'époque où il sentira ses facultés s'émousser et ses forces l'abandonner, il aime à rêver pour ses vieux jours quelque peu de repos au sein de l'abondance. Cette perspective sera toujours pour lui la plus heureuse, et il voudra se l'assurer au prix de beaucoup d'efforts; or ce désir est bon puisqu'il contribue à donner de l'énergie au travailleur, il doit donc être satisfait.

Afin de pouvoir préparer cet avenir à tous, même à

ceux qui manquent de prévoyance, il sera fait une rete-
nue sur le traitement de chaque fonctionnaire pour lui
ménager un fonds de retraite ou une pension viagère ;
et il sera adjugé en plus à chaque employé qui le méri-
tera par son activité et son talent, un intérêt déterminé,
une part proportionnelle dans la répartition du bénéfice
social. Avec de l'attention dans les choix, il faut encore
tout cela pour former des fonctionnaires laborieux et
disciplinés. Voici pour la première part, passons à la
deuxième.

L'organisation industrielle aura ce résultat de retirer
successivement des mains de l'égoïsme individuel les
capitaux employés capricieusement à lui procurer des
bénéfices les plus grands qu'il lui est possible.

Pour déterminer les possesseurs actuels à les engager
dans l'organisation, il faut que l'organisation leur présente tous les avantages actuels, moins les inconvéniens
c'est-à-dire *sécurité* et *accroissement indéfini*. C'est pourquoi après l'agio de sa nature nécessairement variable,
et qui sera débattu, consenti à tant pour cent par an,
une répartition proportionnelle leur sera de plus affectée.
Ce sera l'emploi du deuxième quart, passons au troisième.

Ce qui fera la sécurité des premiers capitalistes qui
engageront leurs fonds dans l'industrie centralisée, c'est
le premier fonds social : c'est sur cette base que repose
la garantie qu'aucune chance de perte ne les atteindra.
Il faut donc pour que la garantie soit toujours réelle, que
cette base s'élargisse à mesure que les capitaux afflue-
ront; cet accroissement du fonds social s'opérera en y
ajoutant chaque année le quart du bénéfice annuel.

L'emploi de ce fonds devra être en totalité employé en
acquisitions, ou constructions sociales, soit ustensiles ›

bâtimens, usines, et plus tard terreins de culture, construction de ponts, canaux, routes en fer, monumens, etc.

Comme on peut le pressentir déjà, le fonds social aura pour résultat dans l'avenir de modifier en ce qu'elle a de vicieux et de trop morcelé, la constitution actuelle de la propriété immobilière et territoriale, et cela progressivement, sans secousses et sans froisser aucun intérêt.

Le quatrième quart du bénéfice sera plus spécialement la part du peuple, mais l'embarras c'est de savoir de quelle manière elle lui sera distribuée ; je l'avouerai franchement j'hésite dans le mode de cette répartition, je suis flottant entre deux systèmes qui n'ont pas la même valeur, et que néanmoins je veux donner tous deux sans dire celui pour lequel serait ma prédilection.

Qui est-ce qui n'a pas senti l'influence moralisante et excitatrice qu'ont les beaux arts vis-à-vis du peuple en général?

Le poète, le littérateur, le publiciste, l'orateur, le musicien, le peintre, le statuaire, le comédien, le danseur et l'athlète, tous les artistes enfin doivent recevoir du travailleur les moyens d'exercer leur ministère d'inspiration.

Ne sont-ce pas eux en effet qui développent le sentiment dans le cœur de l'homme, et le rendent capable d'exécuter les plus grandes choses.

Rien n'est impossible à l'homme qui veut. Eh bien ! c'est le sentiment, l'enthousiasme qui font vouloir.

Dans les premiers temps de l'organisation, la part du bénéfice social consacré aux beaux arts, aux fêtes publiques, sera d'abord bien restreint et suffira à peine peut-être pour quelques bals le jour du 15 août, que le travailleur se donnera à lui-même, et où il ira s'initier à la délicatesse des manières, à la décence publique et à l'urbanité sociale.

Mais vienne le temps où de magnifiques théâtres et des cirques immenses s'ouvriront au peuple qui viendra s'y asseoir tout entier, pour se délasser de ses fatigues et y puiser de nouvelles forces.

Viennent les nouveaux jeux olympiques ornés de tout le luxe de l'industrie, embellis par tous les prestiges d'une ingénieuse poésie.

Tous les âges, tous les sexes fourniront de nobles émules, qui entourés d'une pompe inconnue viendront au milieu de leurs parens, de leurs concitoyens réunis, entendre proclamer leur nom et appeler sur eux l'estime publique.

Au milieu de l'arène glorieuse, seront d'abord appelés des adolescens brillant de jeunesse et d'espérance, qui conduits par leurs heureuses mères, soutenus par leurs professeurs, dont ils sont l'orgueil, recevront une couronne prix de leur studieuse application.

Tantôt s'avanceront des hommes ou des femmes inventeurs laborieux d'un procédé nouveau ou de quelque machine utile, pour recevoir un brevet d'honneur au bruit des acclamations de leurs concitoyens reconnaissans.

Ou bien encore ce seront de jeunes hommes à l'œil ardent et fier, de jeunes filles au tendre et modeste regard, qui en présence d'une amante, d'un fiancé, de tout ce qu'ils ont de plus cher, viendront le cœur palpitant d'émotion, revêtir les insignes d'une fonction nouvelle ou d'un grade supérieur, dû à leur travail et à leur talent.

On le sent, les artistes principaux directeurs de ces solennités nationales, auront revêtus alors un caractère nouveau; au lieu d'être des histrions venant gagner leur vie souvent au prix d'un insolent sifflet, ils feront partie d'un corps de fonctionnaires d'une grande importance, qui formera, pour ainsi dire, un sacerdoce nouveau, aimé, respecté, admiré.

Et alors le travail sera glorieux, car il sera célébré, chanté par mille voix harmonieuses.

Si on veut réfléchir maintenant à tout l'enthousiasme laborieux qui sera inspiré aux travailleurs par les accens passionnés des poètes et des orateurs, et à tout ce qu'il pourront produire d'efforts grandioses, d'entreprises gigantesques ; non il n'est pas de merveille que l'homme ne puisse édifier.

Ceci suffirait surabondamment pour justifier l'application aux beaux arts de la quatrième part du bénéfice social ; mais, je l'avouerai avec regret, je ne pense pas que ce soit ainsi qu'il convienne d'opérer cette répartition ; avant de penser à verser au peuple des flots de jouissances artistiques, il faut préserver ses cheveux blancs de l'humiliation de l'aumône. Il faut que le nécessaire passe avant l'agréable. Voici donc comment se fera véritablement la distribution de la part du peuple :

A Lyon les travailleurs en soieries occupés par les fabriques centrales, seront considérés comme fonctionnaires pendant tout le temps qu'il travailleront pour elles. Un compte sera ouvert à chacun sur le registre de prévoyance, ou proportionnellement au montant des façons qu'ils auront faites dans l'année, il leur sera inscrit un dividende de la partie du bénéfice qui leur est adjugée.

Ce dividende sera lui-même subdivisé ainsi :

1ʒ3 au compte du chef d'atelier et de sa femme s'il est marié.

2ʒ3 au compte de l'ouvrier ou ouvrière.

Le montant de cette inscription sera stipulé sur un billet qui servira de titre au travailleur. Ce billet ne sera payable, soit comme capital, soit comme pension viagère, au choix du porteur, qu'à l'âge de la retraite fixée provisoirement à soixante ans.

C'est ainsi que par une répartition équitable du bénéfice de l'organisation, on conciliera le présent avec l'avenir, l'intérêt individuel avec l'intérêt social, l'égoïsme avec le dévouement, en faisant que chacun de ces termes soit de moitié dans le partage.

On vient de voir dans quel esprit et d'après quels principes l'industrie devra être constituée, et cette page sur les beaux arts qui, je le sais, sera de trop pour bien des personnes, puisqu'elle n'est pas encore praticable, n'en est pas moins importante en ce qu'elle indique comment la gloire du travail pacifique sera substituée peu à peu à la gloire des combats.

Il ne reste plus qu'à résumer les points principaux qui doivent effectuer la transition de l'ordre actuel à l'ordre nouveau, et récapituler les avantages que le peuple trouvera dans l'organisation du commerce et du travail.

Voici à quoi se résume la constitution industrielle :

Un primogérant ou chef industriel ;

Un premier fonds social, garantie des capitalistes ;

Des établissemens de distribution.

Ventes sociales d'objets de consommation générale :

Des établissemens de production applicable à la localité lyonnaise ;

Fabriques centrales d'étoffes de soie unies et façonnées.

RÉPARTITION DU BÉNÉFICE :

1re partie, — intérêts aux fonctionnaires.

2me partie, — dividende aux capitalistes.

3me partie , — accroissement du fonds social.

4me partie , — dividende aux travailleurs.

Voyons maintenant quel sera l'effet moral et l'effet positif qui sera produit par l'application de ces principes.

Il n'y a rien qui soit si dépitant pour l'homme doué de quelque vigueur dans l'ame, il n'est pas pour lui de pensée plus décourageante que de croire qu'il n'existe aucun remède à ses maux. Lorsque l'espérance manque au cœur de l'homme, les passions haineuses prennent sa place et la démoralisation ne se fait pas attendre ; car alors l'homme sent le besoin de s'étourdir sur sa situation , et appelle à son secours les vice et la débauche.

Or, comme on l'a vu, c'est dans cette situation désespérante que se trouve la majorité des travailleurs , et doit-on s'étonner qu'ils s'agitent, qu'ils se révoltent, qu'ils menacent de faire partager leur misère à ceux qui ne savent que leur prédire une éternelle exploitation.

Aussi on peut affirmer que le premier effet que produira une tentative sérieuse d'organisation industrielle sera de remonter le moral du travailleur, en lui donnant la certitude que son sort sera amélioré prochainement, ce qui aura réellement lieu d'une manière complète lors.que le commerce social aura remplacé le commerce individuel; lorsque par son moyen beaucoup plus de richesses seront produites et que le revenu annuel du travailleur sera en rapport avec le prix des marchandises à son usage. Et en attendant ce moment, aussitôt que les fabriques centrales auront acquis quelque importance, elles serviront de régulateur vis-à-vis des autres fabriques pour le prix des façons, qu'elles payeront au plus haut cours, elles seront donc dès le commencement même un obstacle bien prononcé à la baisse des salaires.

Mais combien cet avantage sera plus grand lorsque

l'accroissement du premier fonds permettra d'agir avec
des capitaux un peu considérables; la fabrication des
différens genres de production, sera monopolisée avec
la plus grande facilité.

Je vais donner une idée de la manière dont je conçois
que s'opérera l'envahissement des articles les uns après
les autres.

Je suppose prêts des capitaux suffisans destinés à cet
objet : par le moyen de la statistique mensuelle des
métiers travaillant dans chaque article et pour chaque
négociant, on connaît le mouvement productif de chacun
de ces articles, et on a des données précises sur le
nombre des métiers qu'il va falloir occuper et alimenter
toute l'année; on prend donc des mesures en conséquence, en proportionnant à leur nombre la quantité de
capitaux nécessaires. Lorsque tout est préparé , une
lettre dans le sens de la circulaire suivante, est adressée
par le primogérant à chacun des négocians qui traitent
l'article dont on veut faire la conquête.

« Monsieur ,

« Dans l'intérêt de la société générale des travailleurs,
« nous avons résolu de nous emparer de la fabrication
« exclusive de l'article que vous exploitez dans votre
« intérêt individuel. Je viens vous prévenir qu'à dater
« du 1er du mois prochain, nous vous ferons toute la
« concurrence qu'il nous sera possible, et vous savez
« combien nos moyens sont puissans : nous n'avons
« qu'à faire un appel à vos ouvriers, et ils vous quitte-
« ront pour venir à nous; vous savez aussi que nous
« n'avons pas besoin de faire des bénéfices dans nos
« établissemens de production; nos maisons de fabri-
« ques organisés vendent leurs produits au pair, elles
« peuvent même prospérer quoique vendant à perte ,

« parce que le bénéfice de l'organisation porte princi-
« palement sur la vente au détail d'objets de consom-
« mation générale. Vous voyez donc, monsieur, que si
« vous vous obstiniez à lutter contre nous, vous seriez
« infailliblement ruiné, sans que cela ait profité à per-
« sonne, et comme je serais bien fâché de vous voir
« prendre une détermination qui serait au détriment de
« tous et de vous-même, tout en vous prévenant de ce
« que nous avons décidé en ce qui vous intéresse, je
« viens vous faire des propositions qui concilieront, je
« l'espère, vos intérêts avec ceux de la société générale
« des travailleurs.

« Vous êtes un de ceux dont j'apprécie beaucoup les
« les connaissances de fabrique, et comme l'organisation
« a besoin d'hommes spéciaux, capables et expérimentés
« comme vous, monsieur, je vous offre une fonction
« honorable à remplir dans un de nos établissemens, et
« qui doit être ce me semble, en rapport avec vos
« goûts et vos habitudes, c'est le grade de gérant dans
« une des fabriques organisées, qui sont après se
« fonder. Votre traitement fixe sera de. . . , et
« selon que vous vous distinguerez de vos collègues, il
« vous sera alloué un intérêt plus ou moins fort dans le
« bénéfice social ; cet intérêt ne vous sera pas adjugé
« arbitrairement, mais voici quels seront les moyens de
« reconnaître lorsque vous l'aurez mérité : si à l'inven-
« taire de la fin de l'année vous avez fabriqué et vendu
« plus d'étoffes que tous vos collègues, proportionnelle-
« ment aux capitaux dont vous aurez disposé, ce sera la
« preuve certaine que vos produits auront été mieux
« soignés dans leur confection, ou que la combinaison
« des matières aura été faite d'une manière plus savante,
« ce qui après examen passé par un jury compétent,

« vous donnera droit à la plus forte prime d'émulation ,
« ou, dans le cas contraire, à la plus faible selon toute
« justice.

« C'est à vous maintenant à décider si vous aimez
« mieux risquer votre fortune dans une lutte inégale, que
« de mériter la reconnaissance de vos concitoyens, en
« employant vos talens dans un but social. J'attends vo-
« tre réponse.

« Je vous ferai encore observer que si vous vous dé-
« cidez à temps, nous pourrons vous décharger de la lo-
« cation de vos magasins, en prenant la suite de votre
« bail.

« Nous faciliterons aussi beaucoup la liquidation de
« votre commerce particulier, dans le cas où vous vou-
« driez engager vos capitaux dans l'organisation ; nous
« pourrons acheter au cours les marchandises que vous
« avez, soit en magasin, soit sur les métiers, de ma-
« nière à ce que vous n'ayez plus que vos créances à
« liquider.

« Vous vous rappellerez aussi qu'indépendamment
« de l'intérêt de vos capitaux, au sujet desquels vous
« serez garanti de toute chance de perte par le fonds
« social, il vous reviendra encore à la fin de l'année une
« répartition au marc le franc du quart du bénéfice so-
« cial consacré à cet usage. »

On comprend qu'avec de pareils procédés, personne
ne pourra se plaindre légitimement; cependant l'article
sera envahi, monopolisé au profit des travailleurs de
tout rang, car alors la concurrence intestine n'existant
plus, on pourra de suite réduire la concurrence étran-
gère à sa juste valeur, et augmenter le prix de la vente
et le prix des façons de l'article conquis, de manière à
procurer une certaine aisance à l'ouvrier.

De ce qui précède on peut donc conclure que les résultats obtenus seront pour le travailleur.

Un reconfort moral par l'assurance d'un avenir meilleur pour lui ou ses enfans ; la cessation de la baisse des salaires ; l'exemption de toute fraude sur le poids comme sur la qualité dans les objets de consommation ; une hausse progressive des façons à mesure que s'opérera la centralisation des diverses industries, et enfin une retraite pour la viellesse.

Ici je dois m'arrêter, car je sens qu'en poussant plus loin les conseils de détail, les prévisions minutieuses, je tomberais dans le vague que je veux éviter. Il y a tant de marches différentes à suivre, tant de réformes partielles à réaliser les unes après les autres, qu'il serait téméraire d'en vouloir régler l'ordre d'avance, sans connaître les circonstances qui nécessiteront la préférence de tel ou tel moyen ; car pour opérer l'envahissement, la centralisation de l'industrie, une tactique sera créée, des manœuvres inconnues seront mises en usage contre le monopole individuel, et la concurrence sera vaincue par elle-même sans faire répandre ni larmes ni sang.

Ce dont on peut être certain d'avance, c'est que par l'organisation fondée sur les principes que je viens d'indiquer, l'industrie prendra une allure toute nouvelle, remarquable de franchise et de loyauté.

Et pour ce qui est relatif au travailleur, on obtiendra peu à peu l'extirpation de sa misère aussi ancienne que le monde, son développement sous toutes les faces de la vie, et enfin progressivement l'harmonie universelle, qui n'est autre chose que LA LIBERTÉ.

Je croyais avoir momentanément terminé mon œuvre, lorsque j'ai fait une réflexion : que sert-il, me suis-je dit, de publier une théorie organique, si elle n'est pas suivie immédiatement d'une action qui puisse la faire réussir si elle est bonne, ou dans le cas contraire servir à constater ce qu'elle a d'impraticable ou d'inopportun.

Ce que je propose est, il est vrai, une entreprise de longue haleine, une œuvre de persévérance, de ténacité; cependant si ma théorie est appréciée, c'est-à-dire si elle est juste, un grand nombre de ceux qui la connaîtront ne pourront s'empêcher de désirer son application immédiate, et seront disposés à faire des efforts plus ou moins grands pour la mettre en pratique, car la théorie c'est l'espoir, mais la pratique c'est la réalité, et c'est de la réalité qu'il faut au peuple.

Or l'homme est ordinairement bon et sage lorsqu'il écoute les premières impulsions de son cœur, mais il est aussi naturellement frivole et oublieux dans la succession de ses idées, c'est pourquoi il convient en le prenant tel qu'il est, de tâcher de faire tourner ses bonnes, mais fugitives inspirations, au profit de l'humanité.

Dans cette intention et dans celle aussi d'entrer le plus immédiatement possible dans la carrière de l'harmonie, voici ce que j'ai cru convenable de faire, encouragé par quelques personnes que j'ai consultées à ce sujet.

En même temps que se publiera cet écrit, que l'opinion publique se formera aux idées de l'organisation pacifique de l'industrie, et que des démarches seront faites auprès du gouvernement pour obtenir l'autorisation nécessaire, des feuilles de souscription seront répandues pour recueillir les dons des personnes qui voudront coopérer à la formation du premier fonds social gratuit.

Un gérant provisoire sera nommé par les souscripteurs et se chargera d'office des premiers essais de réalisation.

Un comité de souscripteurs se chargera aussi d'opérer la circulation et de surveiller la rentrée des feuilles de souscription. A mesure que la recette se fera, l'argent sera déposé par le gérant chez un banquier ou négociant qui le fera valoir, ou bien à la caisse des dépôts et consignations, selon ce qui sera le plus convenable dans l'intérêt de l'entreprise.

De sorte que dans le cas même où le montant des souscriptions ne permettrait pas de fonder le premier établissement de vente sociale pour lequel il faudrait tout compris, environ 10,000 fr., la somme produite par les souscriptions, tant faible fut-elle, n'en sera pas moins un commencement d'exécution organisatrice, puisqu'elle portera intérêt jusqu'au moment où elle suffira à garantir l'emprunt nécessaire à la première entreprise sociale.

Il sera mis en usage dans le mode de la souscription, les précautions nécessaires, afin que toutes garanties de fidélité soient assurées aux souscripteurs. Le public est prévenu que chaque liste sera imprimée et publiée successivement avec son numéro d'ordre et le nom et adresse de son dépositaire qui est responsable des sommes que les souscripteurs lui auront confiées.

Modèle des feuilles de souscription.

CONSTITUTION DE L'INDUSTRIE.

M. Derrion, nég.t, chez son père, rue des Capucins,

n° 10,

DÉPOSITAIRE RESPONSABLE DE LA LISTE N° 1.

SOUSCRIPTION VOLONTAIRE ET GRATUITE POUR LA FORMATION D'UN PRE-
MIER FONDS SOCIAL, QUI SERVIRA DE GARANTIE AUX PRÊTEURS DE
CAPITAUX, POUR L'ENTREPRISE D'ORGANISATION DU COMMERCE ET
DU TRAVAIL.

SOUSCRIPTEURS.	FR.	C.
M. Derrion, le produit total de la vente d'une 1re édition du Projet de Constitution de l'Industrie, plus,	100	

Ce sont des feuilles imprimées sur ce modèle qui seront répandues pour continuer la souscription commencée par l'auteur du
projet. Les personnes qui ne se trouveraient pas à proximité des
dépositaires de liste, et qui ayant connaissance de l'entreprise

voudraient y prendre part, soit comme souscripteurs, soit comme capitalistes, pourront s'adresser personnellement ou par lettres affranchies, à M. M. Derrion fils, rue des Capucins, n° 10, à Lyon, qui se charge provisoirement de donner toutes les indications sur la marche et les progrès de l'organisation, avec recommandation aux souscripteurs qui croiraient devoir garder l'anonyme, de prendre un nom ou une qualité quelconque, afin de pouvoir se reconnaître lors de l'impression des listes auxquelles sera donnée toute la publicité désirable.

Dans le cas où des obstacles imprévus, des difficultés insurmontables s'opposeraient à la réalisation de l'entreprise, pour la réussite de laquelle tous les moyens légaux seront tentés, si à la fin de l'année 1836, il est constaté que l'exécution n'en peut avoir lieu, les sommes seront restituées aux souscripteurs dans les trois premiers mois de 1837.